Check! – Industriemeister 3

Reinhard Fresow

Fit für die Prüfung in

Information - Kommunikation

Checkliste – Kontrollfragen –
Klausuraufgaben

Klausur Industrie- / Logistik-Meister

„Basis-Qualifikationen“

Information, Kommunikation und Planung

print-Ausgabe im Fachwirteverlag
Frankfurt a.M. Juni 2018 – Version 2.0

Kontakt:
im@fachwirteverlag.de

Umschlaggestaltung: Simone Meckel

Für die Vorbereitung auf Klausur oder Ergänzungsprüfung enthält dieser Titel eine Checkliste, zahlreiche Kontrollfragen und 14 Klausuraufgaben.

. *eBook-Version ASIN* B07CJX9HJT

Für registrierte Kunden
Ergänzungen – Aktualisierungen – Korrekturen
kostenlos und ohne Vorbedingung erhalten; mail an:
im@fachwirteverlag.de

Inhaltsverzeichnis

Den Stand kontrollieren!

In der letzten Phase der Vorbereitung auf die Prüfung geht es vor allem darum, die Sicherheit zu gewinnen, dass man auch nichts übersehen, sondern alles gelernt hat – und es auch umsetzen kann!

Dafür braucht man:

- ✓ eine vollständige Check-Liste des Prüfungsstoffs nach Rahmenplan;
- ✓ Infos über die wichtigsten weil am meisten gefragten Themen;
- ✓ Kontrollfragen zur Kenntnis der Grund- und Fachbegriffe;
- ✓ Übungsaufgaben auf Klausurniveau.

Genau das ist der Inhalt dieses Buches! Und ein ausführliches alphabetisches Register am Ende gibt auch die Möglichkeit, rasch eine Frage oder Aufgabe zu einem bestimmten Begriff zu finden.

Das ist besonders wichtig in der Vorbereitung auf eine mündliche **Ergänzungsprüfung**, denn hier werden meistens viele Fragen quer durch den ganzen Stoffplan gestellt. Und wer den für das Wechselspiel aus Frage und Antwort unvermeidlichen Leerraum für Papierverschwendung hält:
Es gibt auch eine eBook-Version!

Viel Erfolg!

Reinhard Fresow
im@fachwirteverlag.de

Eckdaten

Dauer der Klausur: 90 Minuten.

Aufteilung der Punkte auf die sechs Bereiche:

Kap.	**Thema**	**P.**
1	EDV und Daten	20
2	Planung und Analyse	20
3	Präsentation	10
4	Statistiken, Tabellen, Diagramme	15
5	Projektmanagement	20
6	Informations- und Kommunikation	15

EDV und Daten

Kontrollfragen

Nennen Sie drei Aufgaben des IT-Supports

Nennen Sie drei Aufgaben des IT-Supports

- Wartung der Hardware incl. Austausch;
- Aktualisierung und ggf. Anpassung der Software;
- Schulungen;
- First-level-support bei Fehlern und Störungen;
- Gewährleistung von Datenschutz und Datensicherheit;
- Organisation der Verwaltung von Nutzerdaten

Nennen Sie ein Beispiel für eine automatische Datenerfassung.

Nennen Sie ein Beispiel für eine automatische Datenerfassung.

- Sensoren
- Lichtschranken
- RFID-Chip

Erklären Sie den Unterschied zwischen „Aktoren“ und „Sensoren“

Erklären Sie den Unterschied zwischen „Aktoren“ und „Sensoren“

Aktoren wandeln empfangene Signale in eine „Handlung“ (Bewegung; Druck) um, während
Sensoren Messgrößen wie Temperatur, Druck erfassen und in ein Signal umwandeln

---

Was versteht man unter einem „Betriebssystem“?

Was versteht man unter einem „Betriebssystem"?

System von Programmen zwischen Hard- und Software, das die Hardware verwaltet und den Zugriff der Software auf diese steuert, damit die Software keine exakte Kenntnis über die verwendete Hardware braucht.

Was ist ein „proprietäres Format"?

Was ist ein „proprietäres Format“?

Proprietäre Formate sind Spezialprogramme, deren Format bzw. Code nicht offen gelegt ist; zum Datenaustausch mit anderen Programmen spezielle Konvertierungssoftware erforderlich.

Kontrollfragen - Übersicht

Nennen Sie drei Aufgaben des IT-Supports
- Wartung der Hardware incl. Austausch;
- Aktualisierung und ggf. Anpassung der Software;
- Schulungen;
- First-level-support bei Fehlern und Störungen;
- Gewährleistung von Datenschutz und Datensicherheit;
- Organisation der Verwaltung von Nutzerdaten und Berechtigungen.

Nennen Sie ein Beispiel für eine automatische Datenerfassung.
Sensoren, Lichtschranken, RFID-Chip

Erklären Sie den Unterschied zwischen „Aktoren“ und „Sensoren“
Aktoren wandeln empfangene Signale in eine „Handlung“ um, während **Sensoren** Messgrößen erfassen

Was versteht man unter einem „Betriebssystem“?
System von Programmen zwischen Hard- und Software, das die Hardware verwaltet und den Zugriff der Software auf diese steuert, damit die Software keine exakte Kenntnis über die verwendete Hardware braucht.

Was ist ein „proprietäres Format“?
Proprietäre Formate sind Spezialprogramme, deren Format bzw. Code nicht offen gelegt ist; zum Datenaustausch mit anderen Programmen spezielle Konvertierungssoftware erforderlich.

Aufgabe 1 – Datenerfassung

In Ihrem Unternehmen soll im Zuge eines umfassenden Projekts zur Optimierung von Prozessen und Schnittstellen auch eine durchgängige automatische Datenerfassung implementiert werden.

Prüfen Sie in diesem Zusammenhang die Vor- und Nachteile von RFID-Chips und Bar-Codes und den möglichen Einsatzzweck.

In Ihrem Unternehmen soll im Zuge eines umfassenden Projekts zur Optimierung von Prozessen und Schnittstellen auch eine durchgängige automatische Datenerfassung implementiert werden. -Erklären Sie in diesem Zusammenhang Funktionsweise sowie Vor- und Nachteile von RFID-Chips und prüfen Sie den möglichen Einsatzzweck.

RFID ist die Abk. für radio-frequency identification = Übermittlung der Daten im Materialfluss durch Transponder. Vorteil ist v.a. die Möglichkeit, die Daten auch über eine größere Entfernung automatisch zu erfassen. Nachteil sind die vergleichsweise höheren Kosten für die RFID-Tags. Einsatzzweck sind damit v.a. größere Teile und Materialbewegungen im Freien.

Aufgabe 2 – Angebotsauswahl

Der kleine Spezial-Anbieter, von dem Ihr Unternehmen vor vielen Jahren das Programm zur Verwaltung der Lagerbestände gekauft hat, hat angekündigt, zum Ende des Jahres die Pflege und Entwicklung des Programms einzustellen. Sie müssen sich deshalb nach einer neuen Software umsehen. Erstellen Sie zu den folgenden daraus resultierenden Problemen eine Stichwortliste:

a) Welche Anforderungen an den Anbieter selbst sind bei der Ausschreibung zu berücksichtigen?

b) Nach welchen Kriterien sollte die Entscheidung zwischen den Angeboten erfolgen?

a) Welche Anforderungen an den Anbieter selbst sind bei der Ausschreibung zu berücksichtigen?

Auf Grund der beschriebenen Erfahrung sollte ein Aspekt sein, wie lange der Anbieter bereits am Markt ist, und ob seine Marktposition erwarten lässt, dass er auch auf absehbare Zeit weiterhin tätig sein wird. Dazu kommen weiterhin die Frage nach Referenzen, möglichst in der gleichen Branche, und den Garantien für Support, insbesondere Erreichbarkeit und Schnelligkeit bei auftretenden Problemen.

b) Nach welchen Kriterien sollte die Entscheidung zwischen den Angeboten erfolgen?

Auswahlkriterien zwischen mehreren vorliegenden Angeboten können neben den unter a) genannten allgemeinen Anforderungen an den Anbieter neben dem Preis noch sein:
zugesicherte Nebenleistungen wie Unterstützung bei der Implementierung und der Schulung der Mitarbeiter,
Garantien für die reibungslose Einbindung in die vorhandene IT-Umgebung einschließlich der Schnittstellen zu anderen Programmen, die Benutzerfreundlichkeit der Menügestaltung und Eingabemasken.

Aufgabe 3 - Netzwerk

Zur Information und Steuerung des Lagers sind die Lagerboxen durch Aktoren und Sensoren mit dem Server verbunden.

a)
Erklären Sie an einem selbst gewählten Beispiel die Aufgabe eines Aktors und eines Sensors.

b)
Nennen Sie drei grundlegende Aufgaben der IT-Abteilung bei der Wartung dieses Netzwerks.

a) Erklären Sie an einem selbst gewählten Beispiel die Aufgabe eines Aktors und eines Sensors.

Aktoren wandeln empfangene Signale in eine „Handlung“ (Bewegung; Druck) um, während **Sensoren** Messgrößen wie Temperatur, Druck erfassen und in ein Signal umwandeln.

Beispiel: Ein Sensor registriert und meldet die Luftfeuchtigkeit in einem Lager für tropische Pflanzen; wird ein definierter wert unterschritten, erhält ein Aktor das Signal, eine Sprühnebel-Vorrichtung in Gang zu setzen.

b)
Nennen Sie drei grundlegende Aufgaben der IT-Abteilung bei der Wartung dieses Netzwerks.

Beobachtung der Leistungsdaten;
Datensicherung;
Datenschutz;
Aktualisierungen zur Beseitigung eventueller Sicherheitslücken;
Verbesserung der Leistungsfähigkeit.

Planung und Analyse

Benennen Sie die 4 Felder und Vorgehensweisen nach dem Eisenhower-Prinzip

Benennen Sie die 4 Felder und Vorgehensweisen nach dem Eisenhower-Prinzip

Wichtig+dringend: sofort erledigen
Wichtig+ nicht dringend: einplanen
Nicht wichtig+ dringend: delegieren
Nicht wichtig + nicht dringend: vermeiden

Welche 7 Fehler-Ursachen kann man nach Ishikawa unterscheiden?

Welche 7 Fehler-Ursachen kann man nach Ishikawa unterscheiden?

✓ Menschen
✓ Maschinen
✓ Material
✓ Methoden
✓ Milieu
✓ Messung
✓ Management

Warum wird Brainwriting auch als die 6-3-5-Methode bezeichnet?

Warum wird Brainwriting auch als die 6-3-5-Methode bezeichnet?

Weil 6 Teilnehmer ihre 3 Vorschläge in 5 Minuten weitergeben.

Wofür steht die Abkürzung SWOT und was bedeutet es auf deutsch?

Wofür steht die Abkürzung SWOT und was bedeutet es auf deutsch?

- **S**trengths (Stärken)
- **W**eaknesses (Schwächen)
- **O**pportunities (Chancen)
- **T**hreats (Risiken)

Welche 3 Planungshorizonte lassen sich zeitlich unterscheiden?

Welche 3 Planungshorizonte lassen sich zeitlich unterscheiden?

strategisch = langfristig;
taktisch = mittelfristig;
operativ = kurzfristig

Kontrollfragen - Übersicht

Benennen Sie die 4 Felder und Vorgehensweisen nach dem Eisenhower-Prinzip
Wichtig+dringend: sofort erledigen
Wichtig+ nicht dringend: einplanen
Nicht wichtig+ dringend: delegieren
Nicht wichtig + nicht dringend: vermeiden

Welche 7 Fehler-Ursachen kann man nach Ishikawa unterscheiden?
Menschen – Maschinen – Material – Methoden - Milieu - Messung - Management

Warum wird Brainwriting auch als die 6-3-5-Methode bezeichnet?
Weil 6 Teilnehmer ihre 3 Vorschläge in 5 Minuten weitergeben.

Wofür steht die Abkürzung SWOT und was bedeutet es auf deutsch?
Strengths (Stärken), **W**eaknesses (Schwächen), **O**pportunities (Chancen), **T**hreats (Risiken)

Welche 3 Planungshorizonte lassen sich zeitlich unterscheiden?
strategisch = langfristig;
taktisch = mittelfristig;
operativ = kurzfristig

Aufgabe 4 - ABC-Analyse

Ein Projekt zur Optimierung der Beschaffungskosten sieht als ersten Schritt eine ABC-Analyse vor.

a) Erläutern Sie, wie dabei die Kategorien A-, B- und C-Güter voneinander abgegrenzt werden können.

b) Beschreiben Sie jeweils die Konsequenzen, die sich für die Beschaffung eines Gutes durch die Klassifizierung als A-Gut bzw. C-Gut ergeben können.

a) Erläutern Sie, wie dabei die Kategorien A-, B- und C-Güter voneinander abgegrenzt werden können.

Die Gliederung erfolgt nach dem Wert des Beschaffungsvolumens der verschiedenen Güter. Sie werden absteigend nach dem Wert sortiert. Die Güter, die mit dem höchsten Wert beginnend zusammen ca. 80% des Volumens ausmachen, sind Kategorie A; die darauf folgenden Güter bis zu einem Anteil von ca. 95% bilden Kategorie B, die restlichen Kategorie C.

b) Beschreiben Sie jeweils die Konsequenzen, die sich für die Beschaffung eines Gutes durch die Klassifizierung als A-Gut bzw. C-Gut ergeben können.

Bei den Gütern der Kategorie A ist zuerst zu prüfen, ob die Mengenplanung optimal ist und wie weit noch Verhandlungsspielraum bei den Lieferanten besteht. – Bei Gut C stellt sich die Frage, wie weit hier Bestellungen zusammengelegt werden können, welche Güter vielleicht verzichtbar sind. Der Aufwand für die Beschaffung ist zu reduzieren, eventuell durch entsprechende Vertragsgestaltung komplett auf Lieferanten zu verlagern.

.

Aufgabe 5 - Netzplan

Die Geschäftsführung möchte von Ihnen eine Darstellung des Projektablaufs zur Optimierung der Beschaffungskosten als Netzplan. Notieren Sie, welche Informationen und Festlegungen erforderlich sind, bevor Sie an die grafische Umsetzung als Netzplan gehen können.

Die Geschäftsführung möchte von Ihnen eine Darstellung des Projektablaufs zur Optimierung der Beschaffungskosten als Netzplan. Notieren Sie, welche Informationen und Festlegungen erforderlich sind, bevor Sie an die grafische Umsetzung als Netzplan gehen können.

Da der Netzplan grafisch nicht nur alle Tätigkeiten darstellt, sondern auch ihre Dauer und die gegenseitigen Abhängigkeiten, muss zuerst eine Liste aller Tätigkeiten erstellt und bei jeder Tätigkeit festgehalten werden, wie lange sie dauert, welche Vorgängertätigkeiten eventuell vorausgehen und welche Nachfolgetätigkeiten folgen.

Aufgabe 6 – SWOT-Analyse

Sie arbeiten in der Produktionsleitung eines Herstellers von Messgeräten. Die Geschäftsführung prüft die mögliche Übernahme eines Wettbewerbers, der an drei verschiedenen Standorten teils zu Ihrem Fertigungsprogramm konkurrierende, teils aber auch ergänzende Geräte herstellt.

Um sich einen Überblick über die sich ergebenden möglichen Synergie-Effekte verschaffen zu können, sollen Sie für die drei Standorte eine gründliche SWOT-Analyse durchführen.

a)
Beschreiben und erläutern Sie die grundsätzliche Struktur einer SWOT Analyse.

b)
Benennen Sie zu beiden Perspektiven der Analyse je zwei Fragestellungen, denen Sie hier bei allen drei Standorten nachgehen wollen.

a) Beschreiben und erläutern Sie die grundsätzliche Struktur einer SWOT Analyse.

Zusammenfassende Betrachtung interner Fähigkeiten (Stärken, Schwächen) und externer Einflussfaktoren (Chancen, Risiken) zur Beurteilung von Strategien v. a. bei Expansionsplänen. Die Darstellung ergibt eine Vier-Felder-Matrix der Kombinationen dieser Merkmale. Die jeweils zugehörigen Strategien werden auch nach den Anfangsbuchstaben der Kombination benannt, z.B. ST-Strategie für das Vorgehen bei dem Zusammentreffen von internen Stärken mit externen Risiken.

b) Benennen Sie zu beiden Perspektiven der Analyse je zwei Fragestellungen, denen Sie hier bei allen drei Standorten nachgehen wollen.

Interne Perspektive auf Stärken / Schwächen zum Beispiel:

- Alter der Anlagen;
- Qualifikation der Mitarbeiter;
- Logistische Infrastruktur.

Externe Perspektive auf Chancen/Risiken zum Beispiel:

- Image-Wirkung auf Kunden;
- Gewinnen neuer Abnehmer;
- Struktur der Lieferanten.

Präsentation

Häufig gefragt:
Inhaltliche Vorbereitung

Kontrollfragen

Nennen Sie drei Dinge, an die Sie bei der organisatorischen Vorbereitung einer Präsentation denken sollten.

Nennen Sie drei Dinge, an die Sie bei der organisatorischen Vorbereitung einer Präsentation denken sollten.

Termin und Zeitrahmen;
Raumreservierung;
Teilnehmerliste;
rechtzeitige vollständige Einladung;
Präsentationstechnik kontrolloieren;
Unterlagen für Teilnehmer, evtl. incl. Bewertungsformulare;
Bewirtung.

Nennen Sie drei Dinge, an die Sie bei der inhaltlichen Vorbereitung einer Präsentation denken sollten.

Nennen Sie drei Dinge, an die Sie bei der inhaltlichen Vorbereitung einer Präsentation denken sollten.

Kenntnisstand der Teilnehmer?
Interessenlage der Teilnehmer?
Mögliche Einwände / Widerstände?
Zusätzliche Unterlagen / Informationen vorab?

Stellen Sie fünf Schritte für die Ausarbeitung Ihrer Präsentation dar.

Stellen Sie fünf Schritte für die Ausarbeitung Ihrer Präsentation dar.

1. Sammeln und übersichtliches Auflisten aller relevanten Informationen;
2. Analyse dieser Informationen auf Struktur und gemeinsame Merkmale durch Sortieren;
3. Gliederung des Stoffs, Straffung auf einen „roten Faden“;
4. kritische Durchsicht und Überarbeitung auf Stringenz der Darlegung und Zeitbedarf, Vorbereitung von hand-outs;
5. Notizen als Gedankenstützen und für den Vortrag belebende Beispiele, Bonmots etc.

Nennen Sie drei Punkte, die in der Einleitung der Präsentation enthalten sein sollten.

Nennen Sie drei Punkte, die in der Einleitung der Präsentation enthalten sein sollten.

- Begrüßung;
- Selbstvorstellung (Name, Funktion, Verhältnis zum Thema)
- knappe Einstiegsthese oder Zitat oder Faktum;
- Formulierung des Themas;
- evtl. knappe Information über Struktur und Zeitdauer der Präsentation;
- inhaltliche Einführung, Darstellung der Ausgangslage als Hinführung zum Hauptteil.

Nennen Sie drei Möglichkeiten, den Erfolg einer Präsentation zu beurteilen

Nennen Sie drei Möglichkeiten, den Erfolg einer Präsentation zu beurteilen

Bewertungsbögen zur Beurteilung durch Teilnehmer;
Klebepunkte zum Anbringen in Bewertungstabelle auf Flipchart nach Ende der Veranstaltung;
direkte Reaktion durch Applaus, Diskussionsbeteiligung;
Feedback durch Umfrage an Teilnehmer zu späterem Zeitpunkt;
indirekte Reaktion durch spätere Nachfragen, Bestellungen, Kontakte.

Kontrollfragen - Übersicht

Nennen Sie drei Dinge, an die Sie bei der organisatorischen Vorbereitung einer Präsentation denken sollten.
Termin und Zeitrahmen;
Raumreservierung;
Teilnehmerliste;
rechtzeitige vollständige Einladung;
Präsentationstechnik kontrolloieren;
Unterlagen für Teilnehmer, evtl. incl. Bewertungsformulare;
Bewirtung.

Nennen Sie drei Dinge, an die Sie bei der inhaltlichen Vorbereitung einer Präsentation denken sollten.
Kenntnisstand der Teilnehmer?
Interessenlage der Teilnehmer?
Mögliche Einwände / Widerstände?
Zusätzliche Unterlagen / Informationen vorab?

Stellen Sie fünf Schritte für die Ausarbeitung Ihrer Präsentation dar.
1. Sammeln und übersichtliches Auflisten aller relevanten Informationen;
2. Analyse dieser Informationen auf Struktur und gemeinsame Merkmale durch Sortieren;
3. Gliederung des Stoffs, Straffung auf einen „roten Faden“;
4. kritische Durchsicht und Überarbeitung auf Stringenz der Darlegung und Zeitbedarf, Vorbereitung von hand-outs;
5. Notizen als Gedankenstützen und für den Vortrag belebende Beispiele, Bonmots etc.

Nennen Sie drei Punkte, die in der Einleitung der Präsentation enthalten sein sollten.

- Begrüßung;
- Selbstvorstellung (Name, Funktion, Verhältnis zum Thema)
- knappe Einstiegsthese oder Zitat oder Faktum;
- Formulierung des Themas;
- evtl. knappe Information über Struktur und Zeitdauer der Präsentation;
- inhaltliche Einführung, Darstellung der Ausgangslage als Hinführung zum Hauptteil.

Nennen Sie drei Möglichkeiten, den Erfolg einer Präsentation zu beurteilen

Bewertungsbögen zur Beurteilung durch Teilnehmer;
Klebepunkte zum Anbringen in Bewertungstabelle auf Flipchart nach Ende der Veranstaltung;
direkte Reaktion durch Applaus, Diskussionsbeteiligung;
Feedback durch Umfrage an Teilnehmer zu späterem Zeitpunkt;
indirekte Reaktion durch spätere Nachfragen, Bestellungen, Kontakte.

Aufgabe 7 – Präsentation

Sie sollen das Kick-off-Meeting des Projekts
„Optimierung der Beschaffungskosten"
mit einer Präsentation zu Zielen und Bedeutung des Projekts einleiten.

a) Beschreiben Sie Ihre inhaltliche und organisatorische Vorbereitung.

b) Erstellen Sie eine erste Grobgliederung Ihres Vortrags mit Stichworten zu den einzelnen Punkten.

a) Beschreiben Sie Ihre inhaltliche und organisatorische Vorbereitung.

Inhaltliche Vorbereitung der Präsentation zum Beispiel nach dem Fünf-Phasen-Modell:
1. Sammeln und übersichtliches Auflisten aller relevanten Informationen;
2. Analyse dieser Informationen auf Struktur und gemeinsame Merkmale durch Sortieren;
3. Gliederung des Stoffs unter Straffung auf einen „roten Faden";
4. kritische Durchsicht und Überarbeitung auf Stringenz der Darlegung und Zeitbedarf, Vorbereitung von hand-outs;
5. Notizen als Gedankenstützen und für den Vortrag belebende Beispiele, Bonmots etc.

Organisatorische Vorbereitung:

- ✓ Termin und Zeitraum;
- ✓ Raumreservierung;
- ✓ rechtzeitige vollständige Einladung;
- ✓ Präsentationstechnik;
- ✓ Unterlagen für Teilnehmer, evtl. incl. Bewertungsformulare; Bewirtung;
- ✓ Beteiligte incl. Begrüßung und Schlusswort.

b) Erstellen Sie eine erste Grobgliederung Ihres Vortrags mit Stichworten zu den einzelnen Punkten.

1. Begrüßung (evtl. zum Teil namentlich anwesende Vertreter der GF);
2. Selbstvorstellung (Name, eigene Aufgabe beim Projekt, Verhältnis zum Thema)
3. Zentrale Daten zum Verdeutlichen der wirtschaftlichen Bedeutung (grafisch aufbereiten!);
4. Stichworte zu drohenden Konsequenzen bei Untätigkeit;
5. Thesen, evtl. auch als rhetorische Fragen zu möglichen Ansatzpunkten für Maßnahmen;
6. Analyse des Ist-Zustands an Hand verschiedener Eckdaten (nicht zu viele Zahlen; soweit möglich klare Info-Grafiken!);
7. Darstellung der Projektziele;
8. Grobstruktur des Projektplans;
9. Leitmotto in Verbindung mit einer eingängigen Bezeichnung des Projekts;
10. Dank an die Teilnehmer und Bitte, sich mit Fragen und Anregungen einzubringen.

Unterlagen, Statistiken, Diagramme

Häufig gefragt:
Stücklisten
Lasten- / Pflichtenheft
Liniendiagramm

Kontrollfragen

Nennen Sie drei verschiedene Arten von technischen Unterlagen

Nennen Sie drei verschiedene Arten von technischen Unterlagen

- Anleitungen
- Stücklisten
- Zeichnungen
- Normen
- Checklisten

Beschreiben Sie drei Einsatzzwecke von Anleitungen

Beschreiben Sie drei Einsatzzwecke von Anleitungen

- **Bedienungsanleitung** (umfassende Beschreibung für Umgang und Nutzung);

- **Wartungsanleitung** (Darstellung der in bestimmten zeitlichen Abständen erforderlichen Tätigkeiten und Prüfvorgänge zur Sicherstellung der Funktionsfähigkeit);

- **Reparaturanleitung** (systematisierte Schilderung der Reaktionsschritte bei auftretenden Fehlern oder Problemen).

Nennen und definieren Sie drei statistische Mittelwerte.

Nennen und definieren Sie drei statistische Mittelwerte.

- arithmetisches Mittel = Durchschnitt = Summe aller Werte / Anzahl der Werte;
- Median = Zentralwert = der bei Sortierung aller Werte nach Größe exakt in der Mitte liegende Wert.
- Modalwert = häufigster Wert = der am häufgsten auftretende Einzelwert.

Was sagt ein „Streuungsmaß" aus?

Was sagt ein „Streuungsmaß" aus?

Wie stark die Daten um den Mittelwert verteilt sind.

Was ist ein Gantt-Diagramm und wofür wird es verwendet?

Was ist ein Gantt-Diagramm und wofür wird es verwendet?

Ein Balkenplan zur grafischen Darstellung von Zeitbedarf und Terminen für Tätigkeiten durch Balken pro Zeile.

Was ist ein Torten-Diagramm und wofür wird es verwendet?

Was ist ein Torten-Diagramm und wofür wird es verwendet?

Ein **Kreisdiagramm** zur Darstellung der Verteilung nach (Prozent-) tanteile: („Torten“ - Diagramm)

Kontrollfragen Übersicht

Nennen Sie drei verschiedene Arten von technischen Unterlagen

- Anleitungen
- Stücklisten
- Zeichnungen
- Normen
- Checklisten

Beschreiben Sie drei Einsatzzwecke von Anleitungen

- **Bedienungsanleitung** (umfassende Beschreibung für Umgang und Nutzung);
- **Wartungsanleitung** (Darstellung der in bestimmten zeitlichen Abständen erforderlichen Tätigkeiten und Prüfvorgänge zur Sicherstellung der Funktionsfähigkeit);
- **Reparaturanleitung** (systematisierte Schilderung der Reaktionsschritte bei auftretenden Fehlern oder Problemen).

Nennen und definieren Sie drei statistische Mittelwerte.

- arithmetisches Mittel = Durchschnitt = Summe aller Werte / Anzahl der Werte;
- Median = Zentralwert = der bei Sortierung aller Werte nach Größe exakt in der Mitte liegende Wert.
- Modalwert = häufigster Wert = der am häufgsten auftretende Einzelwert.

Was sagt ein „Streuungsmaß" aus?

Wie stark die Daten um den Mittelwert verteilt sind.

Was ist ein Gantt-Diagramm und wofür wird es verwendet?

Ein Balkenplan zur grafischen Darstellung von Zeitbedarf und

Terminen für Tätigkeiten durch Balken pro Zeile.

Was ist ein Torten-Diagramm und wofür wird es verwendet?
Ein **Kreisdiagramm** zur Darstellung der Verteilung nach (Prozent-) tanteile: („Torten" - Diagramm)

Aufgabe 8 - Stücklisten

Die erforderlichen Teile und Baugruppen für die Endmontage eines Produkts werden noch auf einem Uralt-Formular eingetragen. Bereiten Sie die Erfassung per EDV vor, indem Sie eine Liste der erforderlichen Eingabefelder für diese Stücklisten erstellen.

Die erforderlichen Teile und Baugruppen für die Endmontage eines Produkts werden noch auf einem Uralt-Formular eingetragen. Bereiten Sie die Erfassung per EDV vor, indem Sie eine Liste der erforderlichen Eingabefelder für diese Stücklisten erstellen.

- Artikel-Nummern, Material-Nummern;
- Kurzbezeichnung;
- übliche Mengeneinheiten;
- Menge (z.B. pro Stück des zu fertigenden Produkts);
- Lagerplatz.

Aufgabe 9 - Statistik

Sie haben zur Massenfertigung eines Produkts vier Anlagen im Einsatz, die zwar baugleich aber unterschiedlich alt sind. Aus dem Qualitätsmanagement werden Sie darauf hingewiesen, dass insgesamt die Ausschuss-Quote in letzter Zeit gestiegen sind. Sie gehen dem nach und analysieren die folgenden Daten der Vorwoche:

Anlage	1	2	3	4
Stück	12.576	11.891	11.998	12.314
Ausschuss	75	49	56	62

a) Ermitteln Sie den Ausschuss in % für die gesamte Produktion und für jede Anlage einzeln.
b) Stellen Sie zur Beantwortung der Frage, ob es einen Zusammenhang zwischen Stückzahl und Ausschuss-Quote gibt, diese Daten in einer dafür geeigneten Grafik dar und interpretieren Sie das Ergebnis.
c) Ermitteln Sie für jede Anlage den Anteil des dort angefallenen Ausschusses am gesamten Ausschuss und setzen Sie das in eine dafür geeignete Grafik um.

a) Ermitteln Sie den Ausschuss in % für die gesamte Produktion und für jede Anlage einzeln.

Anlage	1	2	3	4	Gesamt
Stück	12.576	11.891	11.998	12.314	48.779
Ausschuss	75	49	56	62	242
In %	0,596	0,412	0,467	0,503	0,496

b) Stellen Sie zur Beantwortung der Frage, ob es einen Zusammenhang zwischen Stückzahl und Ausschuss-Quote gibt, diese Daten in einer dafür geeigneten Grafik dar und interpretieren Sie das Ergebnis.

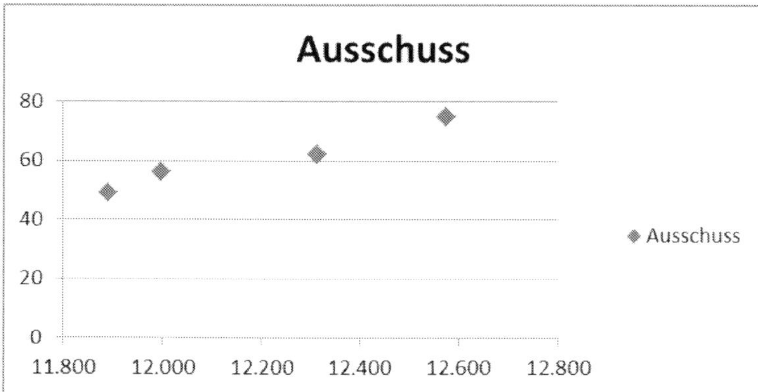

Es liegt eine eindeutige positive Korrelation vor, der Ausschuss steigt überproportional an mit der Produktionsmenge, wobei der Wert für Anlage 1 einen „Ausreißer" nach oben darstellt.

c) Ermitteln Sie für jede Anlage den Anteil des dort angefallenen Ausschusses am gesamten Ausschuss und setzen Sie das in eine dafür geeignete Grafik um.

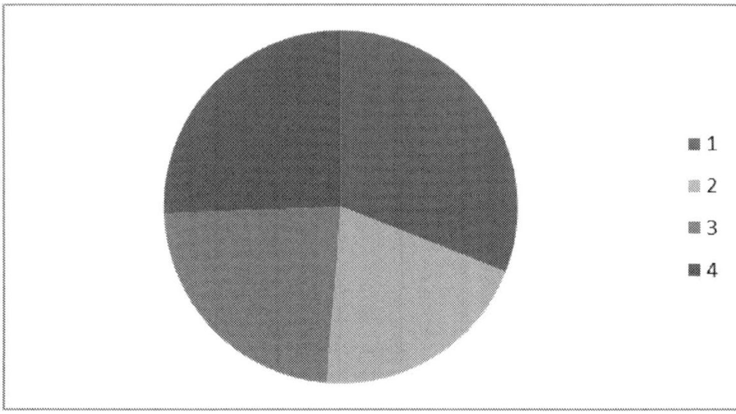

Projektmanagement

Häufig gefragt

Ziel-Dreieck
Ablaufplan
Projektsteuerung

Kontrollfragen

Nennen Sie 3 Bestandteile der Definition eines Projekts

Nennen Sie 3 Bestandteile der Definition eines Projekts

-inhaltlich abgegrenzter Problemkreis
- feste gegebene Zielsetzung
- zeitlich begrenzte Aufgabe
- begrenzte Ressourcen

Welche 3 Vorteile fallen Ihnen bei Projektarbeit ein?

Welche 3 Vorteile fallen Ihnen bei Projektarbeit ein?

- Bündelung von Kompetenzen, Spezialwissen verschiedener Bereiche;
- Ansporn zu Kreativität und neuen Ansätzen;
- Förderung von Kooperationsfähigkeit über das Projekt hinaus;
- persönliche und fachliche Weiterentwicklung der Beteiligten;
- Entwicklung von Methodenkompetenz;
- Belebung der Motivation von Mitarbeitern.

Welche Punkte sollten in einem Projektauftrag festgelegt werden? Nennen Sie mindestens 5!

Welche Punkte sollten in einem Projektauftrag festgelegt werden? Nennen Sie mindestens 5!

- Anordnende Instanz
- Kunde / Auftraggeber
- Ziele
- Projektrahmen
- Limitierungen
- Kosten /Budgets
- Ressourcen
- Phasen und Zeitpläne
- Berichtswesen (Adressaten; Form; Häufigkeit)
- Strategie
- Risiken
- getroffene Annahmen
- Aufgaben
- Zuständigkeiten

Warum wird das Zieldreieck des Projektmanagements auch „magisch" genannt?

Warum wird das Zieldreieck des Projektmanagements auch „magisch“ genannt?

Wegen der wechselseitigen Abhängigkeiten

Welche Gründe können bei einem Projekt für das Outsourcing von Teilaufgaben vorliegen?

Welche Gründe können bei einem Projekt für das Outsourcing von Teilaufgaben vorliegen?

Gründe können sein:
- zeitliche Überlastung der Projektgruppe oder
- fehlende Fachkenntnisse.

Kontrollfragen Übersicht

Nennen Sie 3 Bestandteile der Definition eines Projekts
-inhaltlich abgegrenzter Problemkreis
- feste gegebene Zielsetzung
- zeitlich begrenzte Aufgabe
- begrenzte Ressourcen

Welche 3 Vorteile fallen Ihnen bei Projektarbeit ein?

- ➢ Bündelung von Kompetenzen, Spezialwissen verschiedener Bereiche;
- ➢ Ansporn zu Kreativität und neuen Ansätzen;
- ➢ Förderung von Kooperationsfähigkeit über das Projekt hinaus;
- ➢ persönliche und fachliche Weiterentwicklung der Beteiligten;
- ➢ Entwicklung von Methodenkompetenz;
- ➢ Belebung der Motivation von Mitarbeitern.

Welche Punkte sollten in einem Projektauftrag festgelegt werden? Nennen Sie mindestens 5!
- Anordnende Instanz
- Kunde / Auftraggeber
- Ziele
- Projektrahmen
- Limitierungen
- Kosten /Budgets
- Ressourcen
- Phasen und Zeitpläne
- Berichtswesen (Adressaten; Form; Häufigkeit)
- Strategie
- Risiken
- getroffene Annahmen

- Aufgaben
- Zuständigkeiten

Warum wird das Zieldreieck des Projektmanagements auch „magisch" genannt?
Wegen der wechselseitigen Abhängigkeiten

Welche Gründe können bei einem Projekt für das Outsourcing von Teilaufgaben vorliegen?
Gründe können sein:
- zeitliche Überlastung der Projektgruppe oder
- fehlende Fachkenntnisse.

Aufgabe 10 - Projektziele

Formulieren Sie für das Projekt „Optimierung der Beschaffungskosten“ beispielhaft die Projektziele nach dem Zieldreieck; treffen Sie selbst dafür erforderlichen Annahmen.

Formulieren Sie für das Projekt „Optimierung der Beschaffungskosten" beispielhaft die Projektziele nach dem Zieldreieck; treffen Sie selbst dafür erforderlichen Annahmen.

Sachziel: Reduzierung der Beschaffungskosten bei gleichen Mengen um 12%.
Terminziel: Umsetzung aller erarbeiteten Maßnahmen bis zum 1. Oktober 2016
Kostenziel: Personalaufwand von 1.250 Stunden (kann auch in Personalkosten angegeben werden)

Aufgabe 11 – Projektteam und -organisation

Sie machen sich Gedanken über die Zusammensetzung des Projektteams und die möglichen Formen der Projektorganisation. Schreiben Sie das Ergebnis Ihrer Überlegungen in Stichworten nieder:
a) welche Abteilungen und Bereiche sollten im Team vertreten sein und
b) welche Projektorganisation halten Sie in diesem Fall für geeignet und warum.

a)
welche Abteilungen und Bereiche sollten im Team vertreten sein

Zum Beispiel: Produktionsleitung – Einkauf – Lager – Controlling

b)
welche Projektorganisation halten Sie in diesem Fall für geeignet und warum.

Das Projekt ist wirtschaftlich wichtig, sollte zügig vorangetrieben werden, steht aber unter keinem extremen Zeitdruck von außen. Zwar ginge es am schnellsten mit einer reinen Projektorganisation, also bei völliger Freistellung aller Beteiligten, aber das wäre zum einen unrealistisch, da es Phasen geben wird, in denen z.B. Verhandlungen mit Lieferanten abgewartet werden müssen, zum andern hat es die Nachteile einer Gefahr der Isolation des Projekts und der zusätzlichen Belastung anderer Mitarbeiter. Deshalb wird in diesem Fall eine Matrix-Projekt-Organisation zu empfehlen sein.

Aufgabe12 – Projektplanung und Phasen

Ihnen wurde für ein größeres Projekt die Projektleitung übertragen. Vorab wird von der Geschäftsführung mit einer Projektdauer von 2 Jahren gerechnet.

a)
Für die vor ihnen liegende verantwortungsvolle Aufgabe erstellen Sie eine Übersicht über 5 Phasen, die das Projekt durchlaufen wird.

b)
Angesichts der zu erwartenden Dauer des Projekts wird auch dieses Team voraussichtlich die üblichen 4 Phasen der Gruppenarbeit durchlaufen. Erklären Sie die Bedeutung der Storming-Phase für die Gruppendynamik.

a) Für die vor ihnen liegende verantwortungsvolle Aufgabe erstellen Sie eine Übersicht über 5 Phasen, die das Projekt durchlaufen wird.

Initiierungsphase: grundsätzlicher Beschluss, eine Aufgabe als Projekt zu behandeln;
Analysephase: Untersuchung der externen und internen Voraussetzungen und Rahmenbedingungen;
Designphase: Definition des Projektauftrags; Festlegung von Strategie und Grundsätzen der Teamstruktur;
Entwicklungsphase: Installation des Projektteams; Festlegung von Budgets, Meilensteinen und Berichtswesen;
Umsetzungsphase: Durchführung des Projekts, Kontrolle und Korrekturen beim Erreichen von Meilensteinen;
Abschlussphase, Auswertung der Erfahrungen: Abschlussbericht; Dokumentation des Ablaufs, insbesondere der Meilensteine; Soll-/Ist-Vergleich Zielvorgabe / Zielerreichung; Soll-/Ist-Vergleich geplante / verbrauchte Ressourcen incl. Einhalten bzw. Überschreiten der Zeitplanung; Merksätze der zentralen Fehler bzw. Erfahrungen für künftige Projekte; evtl. Vermerke hinsichtlich Personalentwicklung.

b) *Angesichts der zu erwartenden Dauer des Projekts wird auch dieses Team voraussichtlich die üblichen 4 Phasen der Gruppenarbeit durchlaufen. Erklären Sie die Bedeutung der Storming-Phase für die Gruppendynamik.*

Kennzeichen dieser Phase sind Rangordnungskämpfe sowie Konflikte um Stellung, Kompetenzen und Ressourcen. Entscheidend ist, dass am Ende eine Klärung all dieser Konflikte steht durch eine Entwicklung gemeinsamer Normen und Werte und von allen akzeptierte klare Regeln und Zuständigkeiten. Das ist die Grundlage für die Herausbildung eines Wir-Gefühls, mit dem ein positiver gruppendynamischer Prozess einsetzen kann

Information und Kommunikation

Kontrollfragen

Worin besteht die Kernaufgabe von Wissensmanagement?

Worin besteht die Kernaufgabe von Wissensmanagement?

Das gesamte für die betriebliche Leistungserstellung relevante Wissen, auch das aller Mitarbeiter, allen Mitarbeitern bei Bedarf zugänglich machen.

Erklären Sie den Unterschied zwischen individuellem und kollektivem Wissen

Erklären Sie den Unterschied zwischen individuellem und kollektivem Wissen

- **Individuelles** Wissen einzelner Mitarbeiter wird durch Verbindung in der gemeinsamen Tätigkeit an Prozessen zu
- **kollektivem** Wissen einer Gruppe von Menschen

Erklären Sie den Unterschied zwischen expliziten und impliziten Wissen

Erklären Sie den Unterschied zwischen expliziten und impliziten Wissen

- **Explizites** Wissen lässt sich ausdrücken, damit auch schriftlich fixieren und in Verbindung mit Schlagwörtern und Suchbegriffen auffindbar speichern, während
- **implizites** Wissen aus konkreter Erfahrung entstandene situationsbezogene Intuition darstellt, die eher durch Beispiel und Anwendung weitergegeben werden kann.

Nennen Sie 3 Grundanforderungen an das Informationsmanagement von Dokumenten

Nennen Sie 3 Grundanforderungen an das Informationsmanagement von Dokumenten

- Verfügbarkeit = jeder Mitarbeiter hat bei Bedarf Zugang zu den für die Erledigung seiner Aufgaben notwendigen Daten im Rahmen seiner Berechtigungen.
- Datenintegrität = Übereinstimmung der gespeicherten Daten mit den tatsächlichen Werten (Authentizität).
- Vertraulichkeit = Zugriff abgestuft für Lesen – Schreiben – verändern – Anliegen – Löschen; Datenschutz für personenbezogene Daten

---

Nennen Sie 3 Aufgaben des Moderators beim Brainstorming

Nennen Sie 3 Aufgaben des Moderators beim Brainstorming

In das Thema einführen
Kommunikationsregeln erläutern
Einhalten dieser Regeln beachten
Sammeln und strukturieren der Ideen

Nennen Sie drei Anforderungen an einen Moderator.

Nennen Sie drei Anforderungen an einen Moderator.

Anforderungen an den Moderator:
- fachliche Kompetenz für die Strukturierung des Themas und der Beiträge;
- methodische Kompetenz im Einsatz der technischen Mittel;
- natürliche Autorität;
- kommunikative Kompetenz.

Nennen Sie drei Grundregeln der Kommunikation

Nennen Sie drei Grundregeln der Kommunikation

Aktiv zuhören;
non-verbale Zeichen der Aufmerksamkeit geben;
positiv sprechen;
bei Zweifeln nachfragen;
Verallgemeinerungen vermeiden, in Ich-Form sprechen;
auf Partner in Wortwahl und Sprechweise einstellen;
Ablenkungen und Störungen fern halten, ggf. ignorieren.

Nennen und erklären Sie 3 Felder, auf denen Konflikte entstehen können

Nennen und erklären Sie 3 Felder, auf denen Konflikte entstehen können

Zielkonflikt = Uneinigkeit über Ziele
Bewertungskonflikt = unterschiedliche Einschätzung der Methoden zur Zielerreichung
Verteilungskonflikt = Uneinigkeit über Zuordnung monetärer und/oder personeller Ressourcen
Beziehungskonflikte = Uneinigkeit über die Zusammenarbeit

Kontrollfragen Übersicht

Worin besteht die Kernaufgabe von Wissensmanagement?
Das gesamte für die betriebliche Leistungserstellung relevante Wissen, auch das aller Mitarbeiter, allen Mitarbeitern bei Bedarf zugänglich machen.

Erklären Sie den Unterschied zwischen individuellem und kollektivem Wissen
Individuelles Wissen einzelner Mitarbeiter wird durch Verbindung in der gemeinsamen Tätigkeit an Prozessen zu **kollektivem** Wissen einer Gruppe von Menschen

Erklären Sie den Unterschied zwischen expliziten und impliziten Wissen
Explizites Wissen lässt sich ausdrücken, damit auch schriftlich fixieren und in Verbindung mit Schlagwörtern und Suchbegriffen auffindbar speichern, während **implizites** Wissen aus konkreter Erfahrung entstandene situationsbezogene Intuition darstellt, die eher durch Beispiel und Anwendung weitergegeben werden kann.

Nennen Sie 3 Grundanforderungen an das Informationsmanagement von Dokumenten
Verfügbarkeit = jeder Mitarbeiter hat bei Bedarf Zugang zu den für die Erledigung seiner Aufgaben notwendigen Daten im Rahmen seiner Berechtigungen.
Datenintegrität = Übereinstimmung der gespeicherten Daten mit den tatsächlichen Werten (Authentizität).
Vertraulichkeit = Zugriff abgestuft für Lesen – Schreiben – verändern – Anliegen – Löschen; Datenschutz für personenbezogene Daten.

Nennen Sie 3 Aufgaben des Moderators beim Brainstorming

- In das Thema einführen
- Kommunikationsregeln erläutern
- Einhalten dieser Regeln beachten
- Sammeln und strukturieren der Ideen

Nennen Sie drei Anforderungen an einen Moderator.
Anforderungen an den Moderator:
- fachliche Kompetenz für die Strukturierung des Themas und der Beiträge;
- methodische Kompetenz im Einsatz der technischen Mittel;
- natürliche Autorität;
- kommunikative Kompetenz.

Nennen Sie drei Grundregeln der Kommunikation
Aktiv zuhören;
non-verbale Zeichen der Aufmerksamkeit geben;
positiv sprechen;
bei Zweifeln nachfragen;
Verallgemeinerungen vermeiden, in Ich-Form sprechen;
auf Partner in Wortwahl und Sprechweise einstellen;
Ablenkungen und Störungen fern halten, ggf. ignorieren.

Nennen und erklären Sie 3 Felder, auf denen Konflikte entstehen können
Zielkonflikt = Uneinigkeit über Ziele
Bewertungskonflikt = unterschiedliche Einschätzung der Methoden zur Zielerreichung
Verteilungskonflikt = Uneinigkeit über Zuordnung monetärer und/oder personeller Ressourcen
Beziehungskonflikte = Uneinigkeit über die Zusammenarbeit

Aufgabe 13 - Datensicherheit

Die sich häufenden Berichte über die weltweite massive Zunahme der Industriespionage veranlasst Sie, die Datensicherheit in Ihrem Unternehmen einer gründlicheh Prüfung zu unterziehen.
a) Gegen welche Risiken muss Vorsorge getroffen werden?
b) Welche Maßnahmen und Kontrollen zur Erhöhung der Datensicherheit können ergriffen werden?

a)
Gegen welche Risiken muss Vorsorge getroffen werden?

- Eindringen von außen in die EDV
- Sorgloser Umgang von Mitarbeitern mit Daten
- Fehlende oder mangelhafte Datensicherung
- Technische Störungen, Defekt von Speichermedien
- Unfälle (z.B. Wasserrohrbruch; Blitzschlag; Feuer)

b)
Welche Maßnahmen und Kontrollen zur Erhöhung der Datensicherheit können ergriffen werden?

- ✓ Firewall
- ✓ Virenschutzprogramme
- ✓ Verhindern der Verbindung mit externen Datenträgern
- ✓ Schulung der Mitarbeiter
- ✓ Zugriffsbegrenzungen
- ✓ Zutrittsbegrenzungen zu den EDV-Räumen
- ✓ sichere Stromversorgung
- ✓ regelmäßige backup-Läufe.

Aufgabe 14 - Unterweisung

Die neuen Regelungen zur Erhöhung der Datensicherheit sollen allen Mitarbeitern vermittelt werden. Der übliche Aushang am „Schwarzen Brett“ ist hierfür nicht ausreichend. Sie schlagen deshalb vor, in jeder Abteilung Unterweisungen durchzuführen.

a)
Beschreiben Sie Sinn und Zweck einer Unterweisung.

b)
Damit diese Unterweisungen alle in gleicher Weise durchgeführt werden, erstellen Sie ein Schema für die Abfolge.

a) Beschreiben Sie Sinn und Zweck einer Unterweisung.

Unterweisungen dienen der Vermittlung von Richtlinien und Vorschriften, die ohne Diskussionen einzuhalten sind. Damit sind das Verstehen und Merken durch die Teilnehmer die zentralen Ziele einer Unterweisung.

b) Damit diese Unterweisungen alle in gleicher Weise durchgeführt werden, erstellen Sie ein Schema für die Abfolge.

Schema einer Unterweisung:
1. Bedeutung des Themas verdeutlichen;
2. Folgen von Nicht-Beachtung konkret aufzeigen;
3. Systematische gründliche Schritt-für-Schritt-Darstellung;
4. Gelegenheit für Verständnisfragen;
5. Zusammenfassung und Information über eventuelle Kontrollen / Wiederholungen.

Rahmenstoffplan

(3.Fach: Methoden der Information, Kommunikation und Planung)

1. Erfassen, Analysieren und Aufbereiten von Prozess- und Produktionsdaten mittels EDV-Systemen und Bewerten visualisierter Daten
1.1 Informationsverarbeitung
1.2 Prozessaufbereitung
1.3 Daten eines Prozesses
1.4 Betriebssysteme zur Prozessverarbeitung
1.5 Software
1.6 Diagramme

2. Planungstechniken und Analysemethoden
2.1 Optimales Arbeiten
2.2 Problemlösung und Entscheidungsfindung
2.3 Planungsarten
2.4 Planungstechniken

3. Präsentationstechniken
3.1 Aufgaben
3.2 Planung und Vorbereitung
3.3 Durchführung
3.4 Nachbereitung

4. Unterlagen, Entwürfe, Statistiken, Tabellen und Diagramme
4.1 Technische Unterlagen
4.2 Statistiken und Tabellen

4.3 Diagramme

5. Projektmanagement

5.1 Einsatzgebiete
5.2 Beteiligte und Rollen
5.3 Planungsmethoden
5.4 Projektsteuerung
5.5 Projektabschluss

6. Information- und Kommunikationsformen

6.1 Kommunikation und Information
6.2 betriebliche Kommunikation

Register

Industriemeister: Basisqualifikationen
Die Zusammenfassungen - auch als eBook

Rechtsbewusstes Handeln, ASIN B01D56NUSY

Betriebswirtschaftliches Handeln; ASIN B00WD0AM80

Information, Kommunikation ...; ASIN B00ZR4WYCG

Zusammenarbeit im Betrieb; ASIN B0106MJL2E

Die **Print-Ausgaben** zusätzliich mit Kontrollfragen, Übungsaufgaben und einem Extra-Kapitel zur Ergänzungsprüfung:

Rechtsbewusstes Handeln;
ISBN 9783958876170
Betriebswirtschaftliches Handeln;
ISBN 9783958876279
Information, Kommunikation, Planung;
ISBN 9783958876378
Zusammenarbeit im Betrieb;
ISBN 9783958876477.

Printed in Poland
by Amazon Fulfillment
Poland Sp. z o.o., Wrocław

69043479R00061